Einstern

Mathematik für Grundschulkinder

Themenheft 5

Größen und Messen
Geld und Zeit

Daten und Zufall

Raum und Form

Erarbeitet von
Roland Bauer
Jutta Maurach

In Zusammenarbeit
mit der
Cornelsen Redaktion
Grundschule

Cornelsen

Inhaltsverzeichnis

★ Pflichtseiten

☆ Wahlseiten

Handlungshinweis

besprechen mit einem Partner

besprechen in der Gruppe

Weitere Hinweise für die Lehrkraft befinden sich auf der hinteren (inneren) Umschlagseite.

Aufgaben mit unterschiedlichen Anforderungsniveaus:

① ausrechnen, ausführen, wiedergeben

① erkennen, fortsetzen, anwenden

① Lösungswege selbst entwickeln, darstellen, begründen und übertragen

□ Feld zum Markieren erledigter Aufgaben

... und ich helfe dir:

schreiben

malen

durchstreichen

vormachen

Mit der richtigen Farbe ausmalen

1 Male die Münzen und Scheine mit der richtigen Farbe aus.

1

2 Bestimme den Wert der Scheine.
Verbinde die passenden Vorder- und Rückseiten.

5 Euro | 5 €

5 Euro | 5 €

* benennen und unterscheiden Geldscheine
* verwenden Abkürzungen zu den standardisierten Maßeinheiten
* verwenden die Einheiten für Geldbeträge und stellen sie in verschiedenen Schreibweisen dar

Geldwerte der Münzen benennen

1

2 Verbinde die passenden Vorder- und Rückseiten der Münzen.

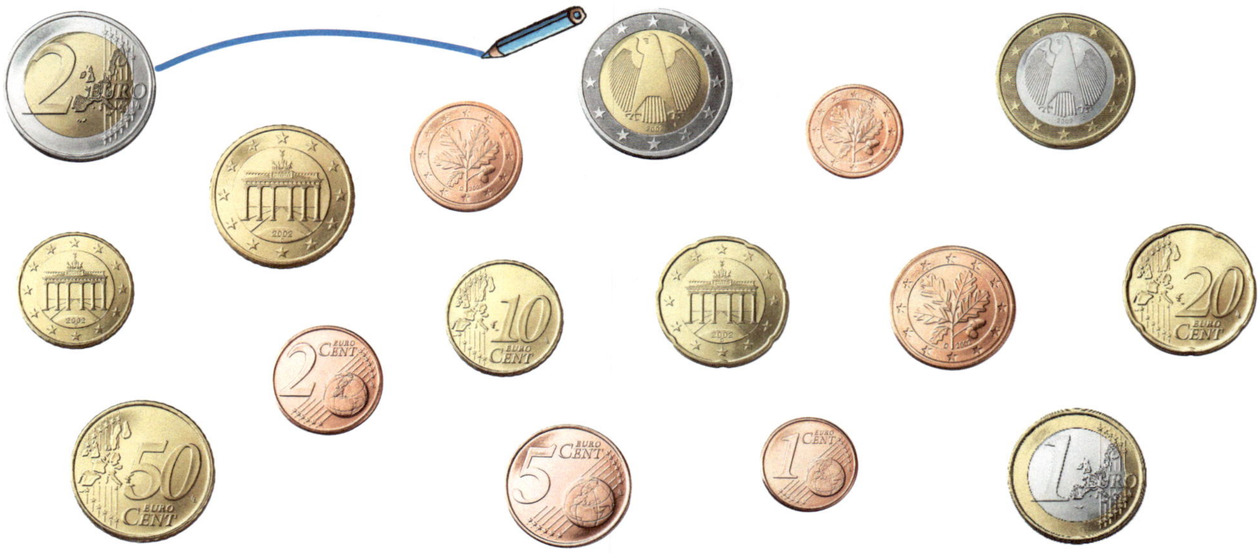

3 Bestimme den Wert der Münzen.

1 Cent | 1 ct

* benennen und unterscheiden Münzen
* verwenden die Einheiten für Geldbeträge und stellen sie in verschiedenen Schreibweisen dar
* verwenden Abkürzungen zu den standardisierten Maßeinheiten

Geldbeträge auszählen

1 Zähle das Geld.

5 Euro

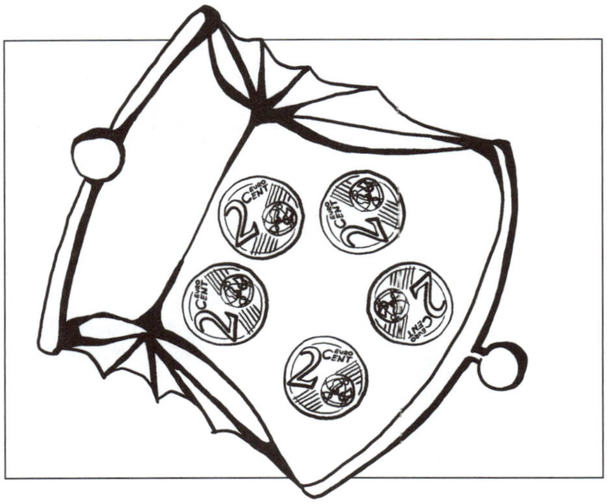

⋆ bestimmen Geldbeträge in Euro

Gesamtpreis zeichnen und berechnen

1 Zeichne, wie du bezahlst.
Trage den Gesamtpreis ein.

Wie viel kostet es?

Es kostet 18 Euro 20 Cent.

Wie viel kostet es?

Es kostet ______ Euro.

Wie viel kostet es?

Es kostet ______ Euro.

Wie viel kostet es?

Es kostet ______ Euro ______ Cent.

Wie viel kostet es?

Es kostet ______ Euro ______ Cent.

* ermitteln den Gesamtpreis über die Addition von Einzelpreisen
* übertragen eine Darstellung in eine andere

1

2 Berechne, was es kostet.

4 € + 2 € = 6 €

€ + € = €

€ + € = €

€ + € = €

3 Trage den Gesamtpreis ein.

Das kostet:

Was kosten das Auto und der Rucksack?

€

Was kosten der Affe und der Block?

€

Was kosten der Kasper und das Boot?

€

Was kosten das Dominospiel und das Buch?

€

* übersetzen Darstellungen der Lebenswirklichkeit in ein mathematisches Modell
* lösen Sachsituationen mit Größen und nutzen dazu das Rollenspiel
* ermitteln den Gesamtpreis über die Addition von Einzelpreisen

1

2 Klebe Rechengeld auf oder zeichne, wie du bezahlen kannst.
Vergleiche deine Lösung mit einem anderen Kind.

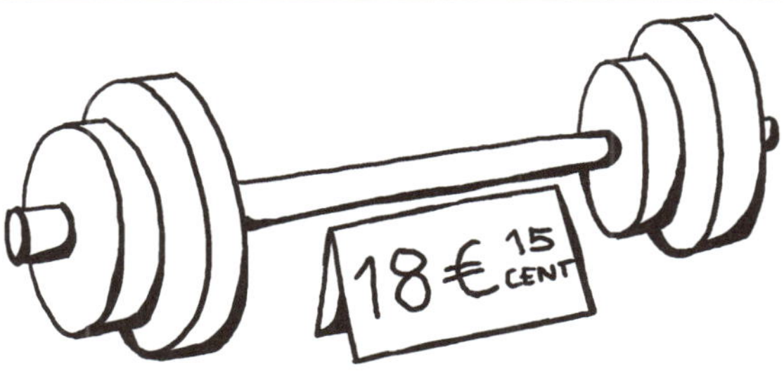

⋆ stellen Geldbeträge auf unterschiedliche Weise dar
⋆ übertragen eine Darstellung in eine andere

Geldbeträge unterschiedlich darstellen

1. Zeichne immer 3 Möglichkeiten, wie es im Sparschwein aussehen kann.

Tom hat 17 Euro.

Ole hat 15 Euro und 20 Cent.

2. Ich habe ______________________________

* probieren zunehmend systematisch und zielorientiert und nutzen die Einsicht in Zusammenhänge
* erfinden Aufgaben zu vorgegebenen Strukturen
* stellen Geldbeträge auf unterschiedliche Weise dar

1 Zeichne verschiedene Möglichkeiten, wie es im Sparschwein aussehen kann.

Jeder hat 12 Euro.

Tom

Maja

Kevin

Ali

Nicole

Moritz

Jessica

Tim

Ihsam

Geldbeträge berechnen

1

2 Lege mit Rechengeld und berechne je Reihe, wie viel Geld ausgegeben wird.

				Betrag in Euro (€)
–	1	2	1	10 €
1	–	2	1	
–	2	1	1	
–	1	3	1	
1	1	–	3	
–	3	1	1	

				Betrag in Cent (ct)
–	1	1	1	8 ct
1	–	2	2	
–	3	1	1	
1	1	1	1	
1	–	3	1	
–	2	2	3	

3 Lege mit Rechengeld und berechne je Reihe, wie viel Geld ausgegeben wird.

								Betrag in Euro (€) und Cent (ct)
–	1	1	1	–	1	1	1	8 € 8 ct
1	1	1	1	1	1	–	–	
1	–	–	3	1	–	3	1	
1	–	2	2	1	1	–	1	

* übertragen eine Darstellung in eine andere
* bestimmen Geldbeträge in Euro und Cent

1

2 Lege den Betrag mit Rechengeld auf unterschiedliche Weise.
Trage 3 Möglichkeiten in die Tabelle ein.

	10 €	5 €	2 €	1 €	50 ct	20 ct	10 ct	5 ct
18 €	1	1	1	1	–	–	–	–
	–	3	1	1	–	–	–	–
12 €								
2 € 50 ct								
8 € 20 ct								

* probieren systematisch und zielorientiert und nutzen die Einsicht in Zusammenhänge
* übertragen eine Darstellung in eine andere
* stellen Geldbeträge auf unterschiedliche Weise dar

Mit möglichst wenig Scheinen und Münzen bezahlen

1 Bezahle mit möglichst wenig Scheinen und Münzen.
Lege und zeichne.

7 €

13 €

11 € 30 ct

4 €

2 Bezahle nur mit Münzen. Lege und zeichne.

6 € 20 ct

18 € 15 ct

3 Lege 6 €. Benutze keine 1-€-Münzen.

6 €

6 €

* stellen Geldbeträge auf unterschiedliche Weise dar
* probieren zunehmend systematisch und nutzen die Einsicht in Zusammenhänge zur Problemlösung

1 Streiche die Scheine und Münzen durch, mit denen du bezahlen musst.
Zähle, wie viel Geld noch übrig ist.

Wie viel Geld bleibt übrig?

Es bleiben 5 Euro übrig.

Wie viel Geld bleibt übrig?

Es bleiben ____ Euro übrig.

Wie viel Geld bleibt übrig?

Es bleiben ____ Euro übrig.

2 Du kaufst ein. Zeichne und rechne.

Es bleiben

____ Euro übrig.

* erfinden Aufgaben zu vorgegebenen Strukturen
* finden mathematische Lösungen zu Sachsituationen

1 Fülle die Tabelle aus.

Ich habe:	Ich kaufe:	Kaufpreis:	Restgeld:
10 €		6 €	4 €
15 €			
15 €			
15 €			
20 €			
17 €			
20 €			
20 €			

* übersetzen Darstellungen der Lebenswirklichkeit in ein mathematisches Modell
* bestimmen Geldbeträge in Euro

Rückgeld kennenlernen

1

2 Berechne das Rückgeld.

gegeben: 

zurück: 12 €

gegeben: 

zurück: ______

gegeben: 

zurück: ______

gegeben: 

zurück: ______

gegeben: 

zurück: ______

gegeben: 

zurück: ______

3

gegeben: ______

zurück: ______

gegeben: ______

zurück: ______

★ lösen Sachsituationen mit Größen und nutzen dazu das Rollenspiel
★ übersetzen Darstellungen der Lebenswirklichkeit in ein mathematisches Modell
★ bestimmen Geldbeträge in Euro

1 Berechne das Rückgeld. Schreibe die Rechenaufgabe dazu.

10 € – 6 € = 4 €

zurück: 4 €

€ – € = €

zurück: ___ €

€ – € = €

zurück: ___ €

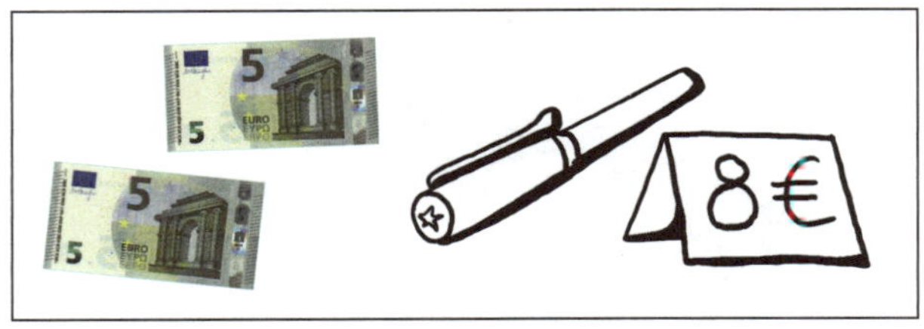

€ – € = €

zurück: ___ €

€ – € = €

zurück: ___ €

€ – € = €

zurück: ___ €

2

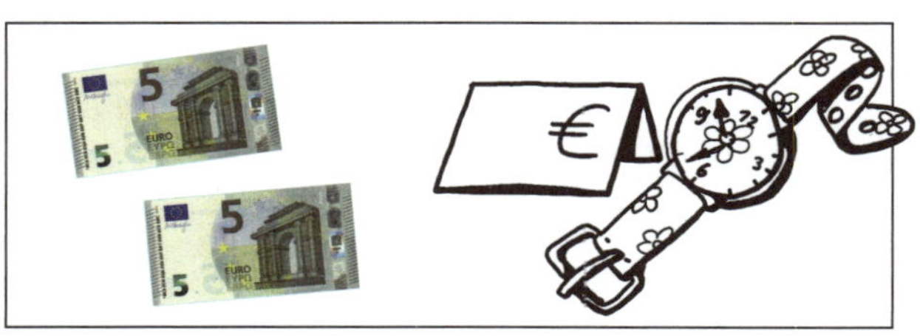

€ – € = €

zurück: ___ €

€ – € = €

zurück: ___ €

* übersetzen Darstellungen der Lebenswirklichkeit in ein mathematisches Modell
* bestimmen Geldbeträge in Euro
* erfinden Aufgaben zu vorgegebenen Strukturen

Rechengeschichten lösen

1 Berechne, was die Kinder bezahlen müssen.

Tim kauft

18 € + 2 € = €

Tim muss ____ € bezahlen.

Sofie kauft

€ + € = €

Sofie muss ____ € bezahlen.

Lena kauft

€ + € = €

Lena muss ____ € bezahlen.

Tom kauft

€ + € = €

Tom muss ____ € bezahlen.

2 Tim sagt: „Ich bezahle mehr als Sofie. Aber Tom bezahlt weniger als Sofie."
Hat Tim recht? Sprich mit einem anderen Kind darüber.

3 Du kaufst ein.

€ + € = €

Ich muss ____ € bezahlen.

€ + € = €

Ich muss ____ € bezahlen.

Einkaufsgeschichten erfinden

1 Suche dir ein anderes Kind.
Erzählt euch Rechengeschichten und löst sie.

* erkennen die Sichtweisen anderer an und schätzen diese wert
* finden zu gegebenen Problemstellungen eigene Sachsituationen und Fragestellungen

Rechengeschichten lösen und selbst schreiben

1 Schreibe die Rechnung und die Antwort auf.

Patrick kauft eine Armbanduhr für 6 €, eine Tüte Bonbons für 2 € und ein Spiel für 12 €. Wie viel muss er bezahlen?

Rechnung: ______________________________

Antwort: Er muss __________ bezahlen.

Lena hat 20 €. Sie kauft ein Lineal für 3 €.
Wie viel Geld hat sie noch?

Rechnung: ______________________________

Antwort: Sie hat noch __________ .

Tom kauft Stifte für 5 €. Er gibt dem Verkäufer 20 €.
Wie viel bekommt er zurück?

Rechnung: ______________________________

Antwort: Er bekommt __________ zurück.

Sofie möchte sich Inliner für 17 € kaufen. Sie hat 10 €.
Wie viel muss sie noch sparen?

Rechnung: ______________________________

Antwort: ______________________________

2 Schreibe selbst eine Rechengeschichte mit Rechnung und Antwort.

____

____

____

____

* entnehmen Informationen zu Größen aus einfachen Texten
* erfinden selbst eine Rechengeschichte, lösen sie und schreiben die Antwort auf

Uhrzeiten im Tageslauf kennenlernen – erste Tageshälfte

1 Lies die Uhrzeiten ab und trage sie passend zu den Tageszeiten ein.

* ordnen entsprechende Zeitangaben Tätigkeiten im Tagesablauf zu
* lesen Uhrzeitangaben in vollen Stunden ab und notieren diese

Uhrzeiten im Tageslauf kennenlernen – zweite Tageshälfte

1 Lies die Uhrzeiten ab und trage sie passend zu den Tageszeiten ein.

* ordnen entsprechende Zeitangaben Tätigkeiten im Tagesablauf zu
* lesen Uhrzeitangaben in vollen Stunden ab und notieren diese

1 Trage die Uhrzeiten ein.

6 Uhr

___ Uhr

___ Uhr

___ Uhr

___ Uhr

___ Uhr

___ Uhr

2 Verbinde passend.

morgens | vormittags | mittags | nachmittags | abends | nachts

7 Uhr | 17 Uhr | 15 Uhr | 1 Uhr | 11 Uhr | 13 Uhr | 19 Uhr | 9 Uhr | 6 Uhr | 23 Uhr | 20 Uhr

* ordnen entsprechende Zeitangaben Tätigkeiten im gesamten Tagesablauf zu
* lesen Uhrzeitangaben in vollen Stunden ab und notieren diese

1

2 Lies jeweils beide Uhrzeiten ab und schreibe sie auf.

2 Uhr
14 Uhr

* bearbeiten Aufgabenstellungen gemeinsam, kooperieren und kommunizieren
* lesen bei einer Zeigerstellung beide Uhrzeitangaben in vollen Stunden ab und notieren diese

1 Zeichne immer den Stundenzeiger und den Minutenzeiger ein.

7 Uhr

2 Uhr

10 Uhr

6 Uhr

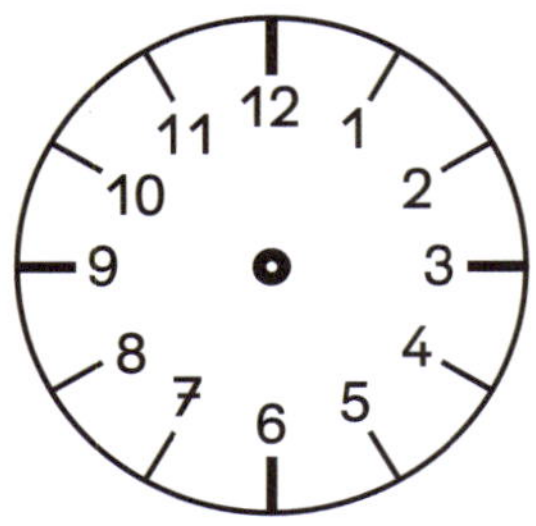

4 Uhr

8 Uhr

22 Uhr

18 Uhr

13 Uhr

24 Uhr

15 Uhr

17 Uhr

* zeichnen die Zeigerstellung von Uhrzeiten in vollen Stunden ein

Uhrzeiten passend zur Tageszeit ablesen

1 Lies die Uhrzeiten ab und schreibe sie auf.

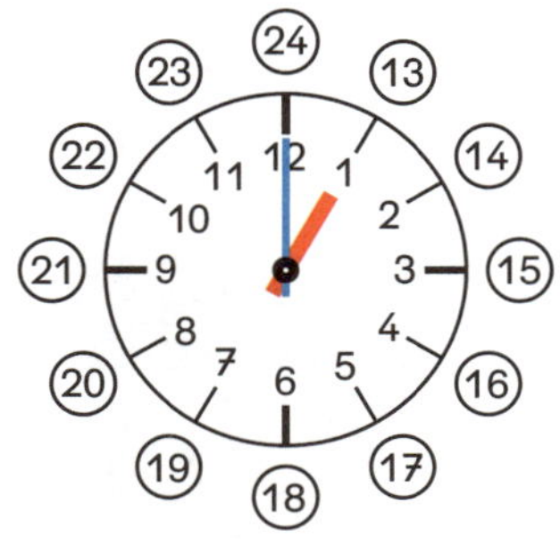

Morgen
6 Uhr

Vormittag
_____

Mittag
_____

Nachmittag
_____

Abend
_____

Nacht
_____

2

3 Schreibe die Uhrzeiten auf.

 Abend 20 Uhr

 Morgen _____

 Nachmittag _____

 Nacht _____

 Mittag _____

 Nacht _____

 Morgen _____

 Abend _____

Passende Uhrzeiten und Tätigkeiten bestimmen

1 Überlege, zu welcher Tageshälfte die Tätigkeit passt.
Schreibe die Uhrzeit auf.

21 Uhr

13 Uhr

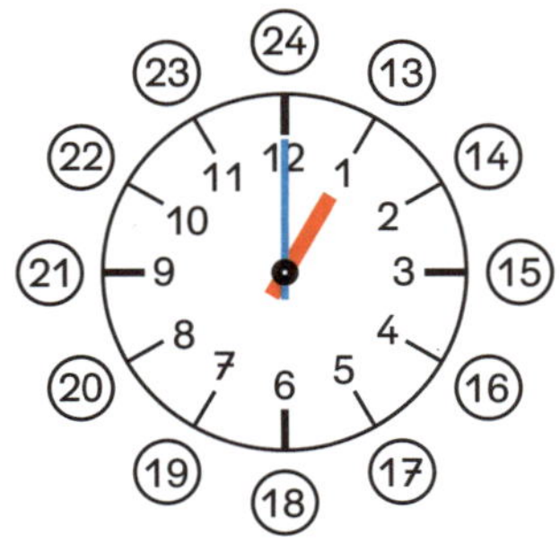

2 Überlege, zu welcher Tageszeit die angegebene Uhrzeit gehört.
Male ein passendes Bild oder schreibe dazu.
Besprich deine Ergebnisse mit einem anderen Kind.

7 Uhr

18 Uhr

15 Uhr

22 Uhr

11 Uhr

17 Uhr

★ lesen Uhrzeiten in vollen Stunden mit Bezug auf Tätigkeiten in den beiden Tageshälften ab und notieren diese
★ entwickeln zu gegebenen Zeitangaben entsprechende Sachsituationen

1 Frage mindestens 6 Kinder deiner Klasse nach ihrem Lieblingsgetränk.

2 Notiere deine Ergebnisse. Vergleiche mit anderen Kindern.

* bearbeiten Aufgabenstellungen gemeinsam, kooperieren und kommunizieren
* sammeln Daten aus ihrer unmittelbaren Lebenswirklichkeit und notieren ihre Ergebnisse
* vergleichen unterschiedliche Darstellungen

1 Lies in der Tabelle ab, was die Kinder trinken.
Male die Flaschen an.

Name	Milch	Kakao	Vanille
Tim		×	
Lena	×		
Anne		×	
Max			×

2 Trage ein, was die Kinder trinken.

Name	Milch	Kakao	Vanille
Patrick	×		
Maja			
Mai-Lin			
Janek			

* entnehmen Tabellen Informationen
* stellen aus Sachsituationen entnommene Daten in einer Tabelle strukturiert dar
* übertragen eine Darstellung in eine andere

1 Trage in die Tabelle ein, wer welches Amt hat.

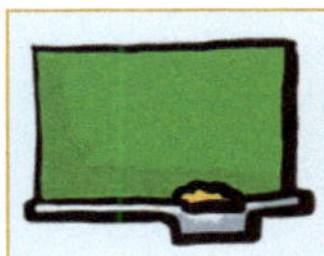	Lena

2 Kreuze an.

	ja	nein
 Anne		X
 Max		
 Janek		
 Mai-Lin		
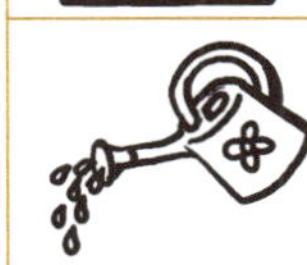 Lena		
 Tim		

* entnehmen in Bildern dargestellten Sachsituationen Daten, stellen sie in Tabellen strukturiert dar und ziehen sie zur Beantwortung von Fragen heran

1 Zähle und trage in die Tabellen ein.

Mädchen	Jungen
𝍸 𝍸 𝍷	
11	

helle Haare	dunkle Haare

Brille	keine Brille

2 Finde ähnliche Fragen und Antworten für deine Klasse.
Vergleiche deine Ergebnisse mit einem anderen Kind.

* sammeln Daten und stellen sie in Tabellen durch Strichlistennotation dar
* finden selbst weitere Fragestellungen zu vorgegebenen Sachsituationen
* formulieren zu einfachen Tabellen mathematisch sinnvolle Fragen und ziehen Daten zur Beantwortung heran

1

Würfle 20-mal. Trage deine Ergebnisse in die Tabelle ein.

Würfelbild	⚀	⚁	⚂	⚃	⚄	⚅
Strichliste						
Anzahl						

2 Würfle noch einmal 20-mal. Trage wieder die Ergebnisse ein.
Vergleiche deine Ergebnisse mit der Tabelle der Aufgabe **1**.

Würfelbild	⚀	⚁	⚂	⚃	⚄	⚅
Strichliste						
Anzahl						

3 Würfle 20-mal. Benutze immer 2 Würfel. Trage deine Ergebnisse in die Tabelle ein. Vergleiche deine Ergebnisse mit den Tabellen der Aufgaben **1** und **2**. Besprich mit einem anderen Kind, was dir auffällt.

Würfelbild	⚀	⚁	⚂	⚃	⚄	⚅
Strichliste						
Anzahl						

* sammeln und vergleichen Daten
* dokumentieren ihre Arbeitsergebnisse strukturiert in einer Tabelle
* übertragen eine Darstellung in eine andere

Häufigkeiten notieren und vergleichen

1 Würfelt mit
2 Würfeln 40-mal.
Rechnet immer
die Augenzahlen
zusammen.

Tragt das Ergebnis
in die Tabelle ein.

1	2	3	4	5	6	7	8	9	10	11	12

2 Vergleiche mit einem anderen Kind.
Was stellst du fest?

* sammeln und vergleichen Daten
* dokumentieren ihre Arbeitsergebnisse strukturiert in einer Tabelle

Verschiedene Steckwürfeltürme bauen und zeichnen

1

2 Baue mit Steckwürfeln verschiedene Türme. Jeder Turm soll aus 3 Steckwürfeln bestehen. Male an, wie du gebaut hast.

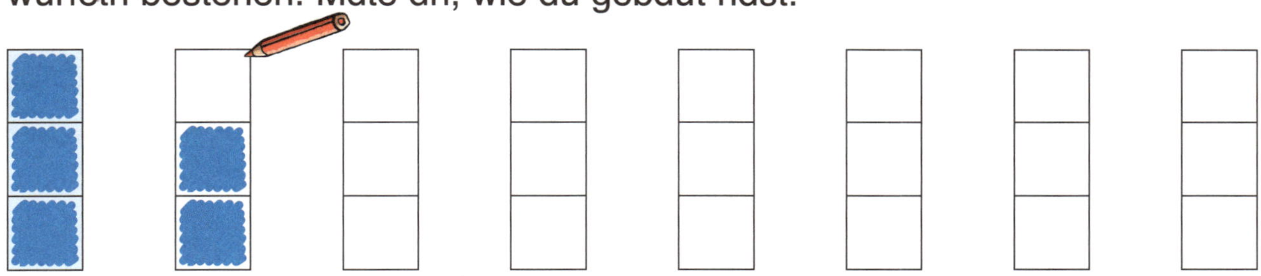

3 Baue mit Steckwürfeln verschiedene Türme. Jeder Turm soll aus 4 Steckwürfeln bestehen. Male an, wie du gebaut hast. Finde alle Möglichkeiten. Vergleiche dein Vorgehen mit einem anderen Kind.

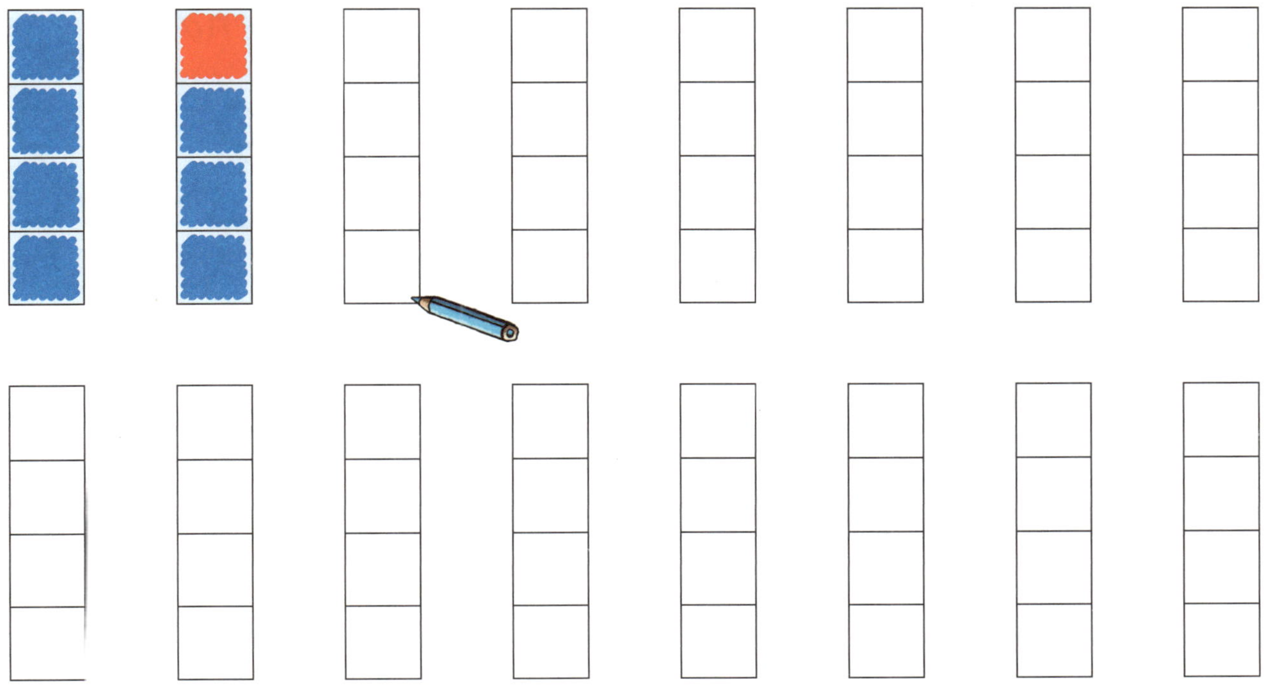

1 Zeichne, wie sich die 3 Kinder aufstellen können.
Es gibt 6 verschiedene Möglichkeiten.

* bearbeiten komplexere Aufgabenstellungen gemeinsam, kooperieren und kommunizieren
* probieren zunehmend systematisch und zielorientiert und nutzen dabei die Einsicht in Zusammenhänge
* übertragen bisherige Erfahrungen und Vorgehensweisen auf ähnliche Aufgabenstellungen

Unterschiedliche Eissorten zusammenstellen

1 Mit 3 Eissorten kann man 10 verschiedene Möglichkeiten mit 3 Kugeln zusammenstellen. Finde diese und male die Eiskugeln in die Tabelle.

Vanilleeis Erdbeereis Schokoeis

Vanilleeis	Erdbeereis	Schokoeis
● ● ●		
● ●	●	

Mit 2 Würfeln würfeln

1

2 Notiere alle Würfelpaare, die mit zwei Würfeln entstehen können.

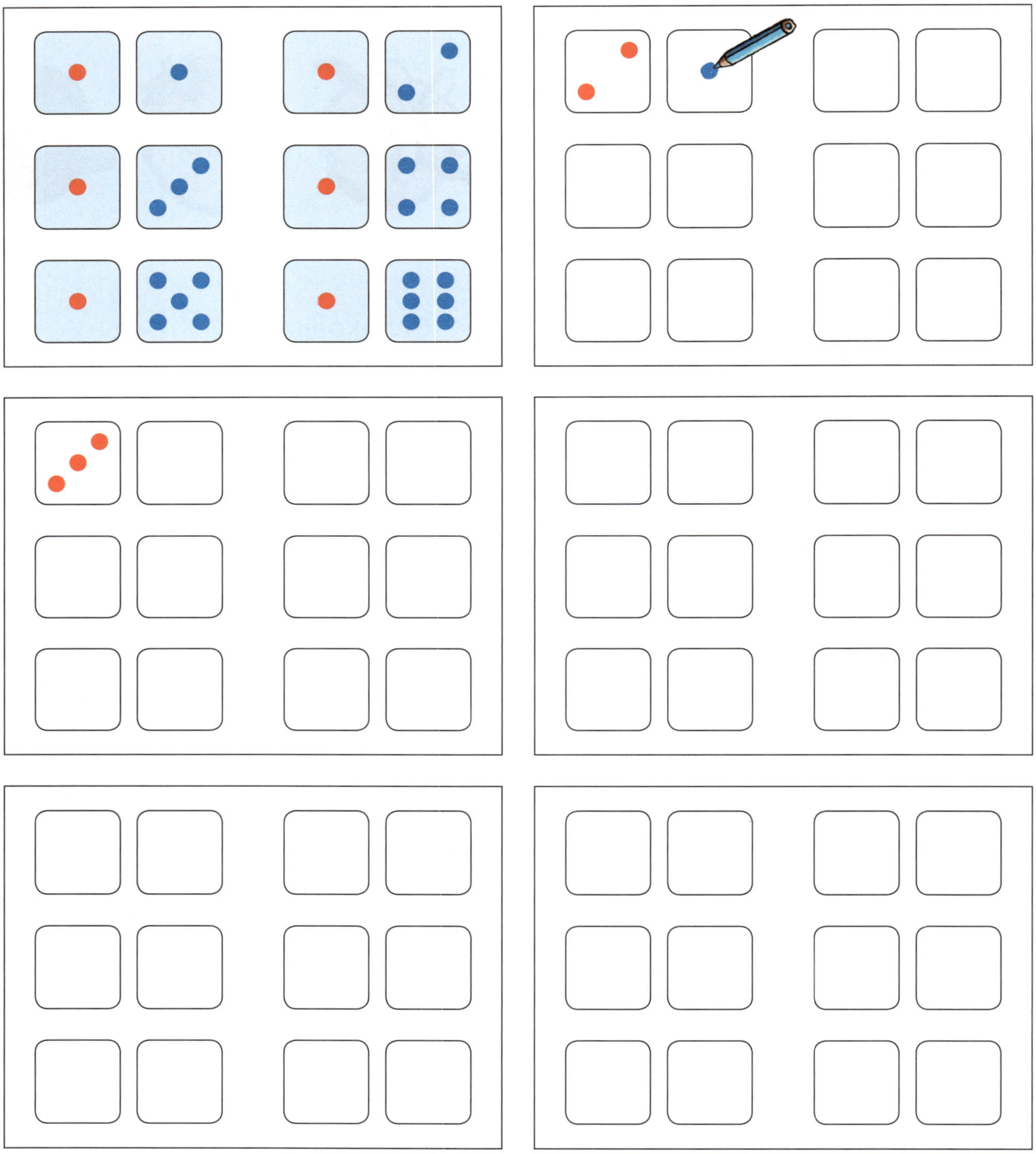

* führen einfache Zufallsexperimente durch
* bestimmen die Anzahl verschiedener Möglichkeiten bei einfachen kombinatorischen Aufgabenstellungen
* probieren zunehmend systematisch und zielorientiert und nutzen dabei die Einsicht in Zusammenhänge

Falten und ausschneiden

1 Nimm ein Blatt Papier und falte es in der Mitte.
Schneide eine Figur aus.

Kleksbilder herstellen

1 Nimm ein Blatt Papier und falte es in der Mitte.
Stelle mit deinen Wasserfarben
Kleksbilder her.

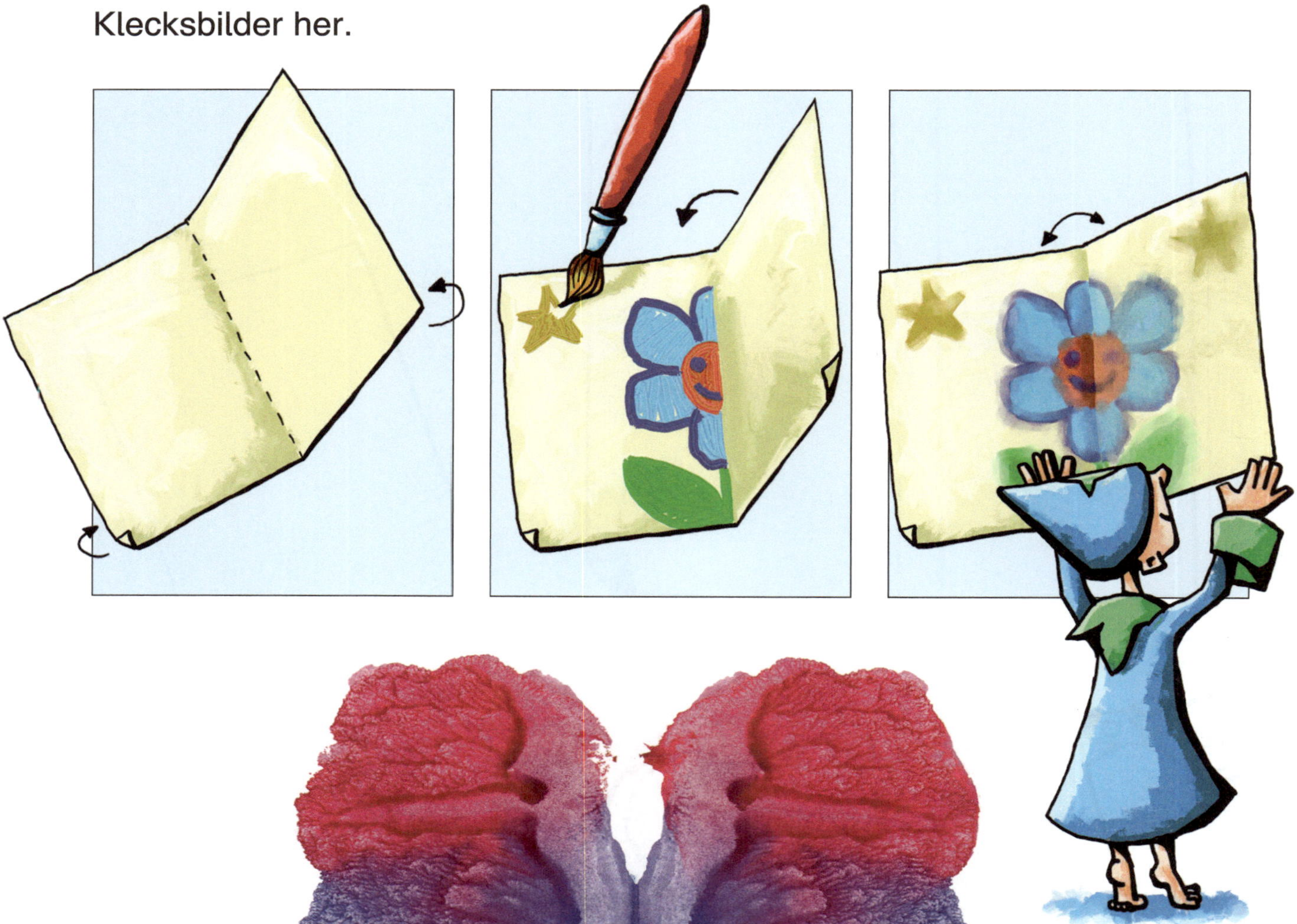

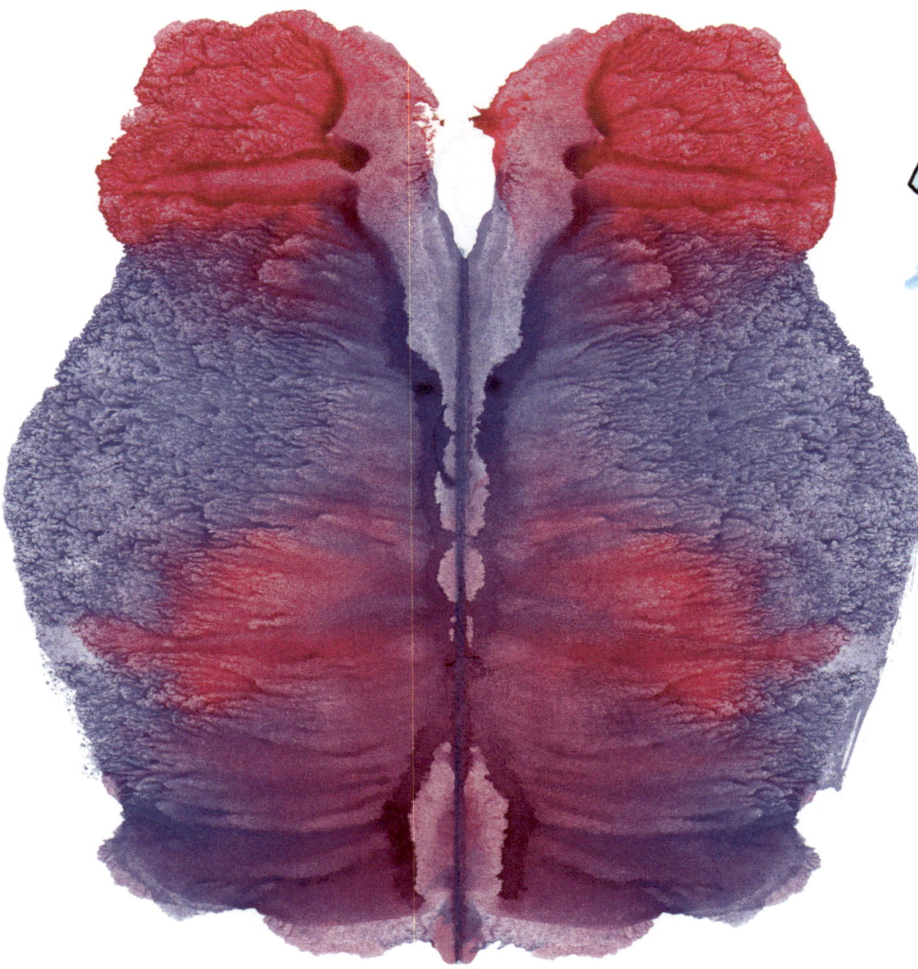

* übertragen bildlich dargestellte Vorgehensweisen auf ihre eigene Handlung
* erzeugen achsensymmetrische Figuren durch Falten von Kleksbildern

Lochbilder gestalten

1 Falte ein Blatt in der Mitte. Mit einer Nadel und auf einer weichen Unterlage kannst du achsensymmetrische Figuren herstellen.

2 Stelle mehrere achsensymmetrische Figuren her. Hänge sie am Fenster auf.

Symmetrieachse einzeichnen

1 Zeichne die Faltlinie mit deinem Lineal ein.
Besprich deine Ergebnisse mit einem anderen Kind.

Achsensymmetrische Figuren finden

1 Zeichne die Symmetrieachsen mit dem Lineal ein.

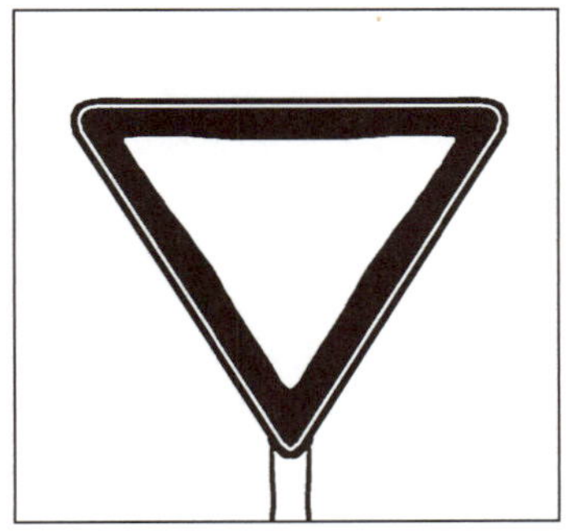

2 Finde und zeichne selbst achsensymmetrische Figuren.
Begründe einem anderen Kind, warum sie achsensymmetrisch sind.

* zeichnen Symmetrieachsen ein
* übertragen Kenntnisse und Vorgehensweisen auf ähnliche Sachverhalte
* erfinden selbst Aufgaben zu einer vorgegebenen Problemstellung

Figuren achsensymmetrisch machen

1

2 Ergänze beide Seiten so, dass die Gesamtfigur achsensymmetrisch wird.

* erzeugen und überprüfen einfache achsensymmetrische Figuren

Zu zweit malen

1

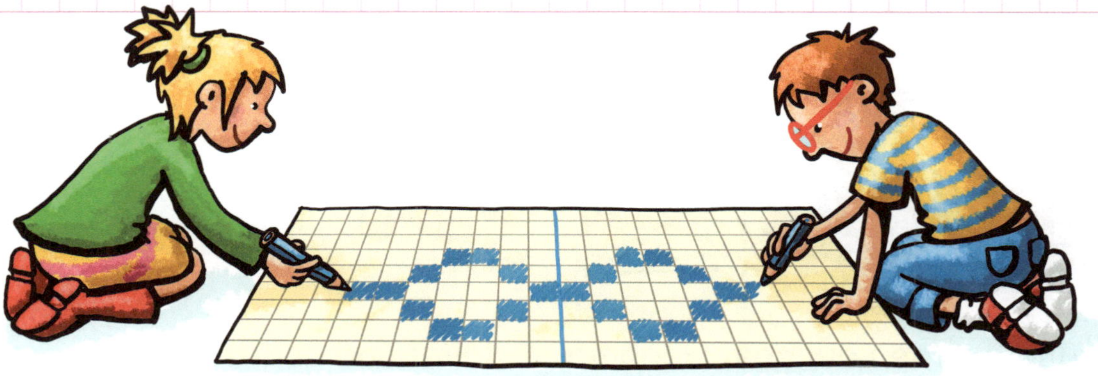

2 Zeichne zusammen mit einem anderen Kind eine achsensymmetrische Figur.
Jeder zeichnet eine Hälfte der achsensymmetrischen Figur.

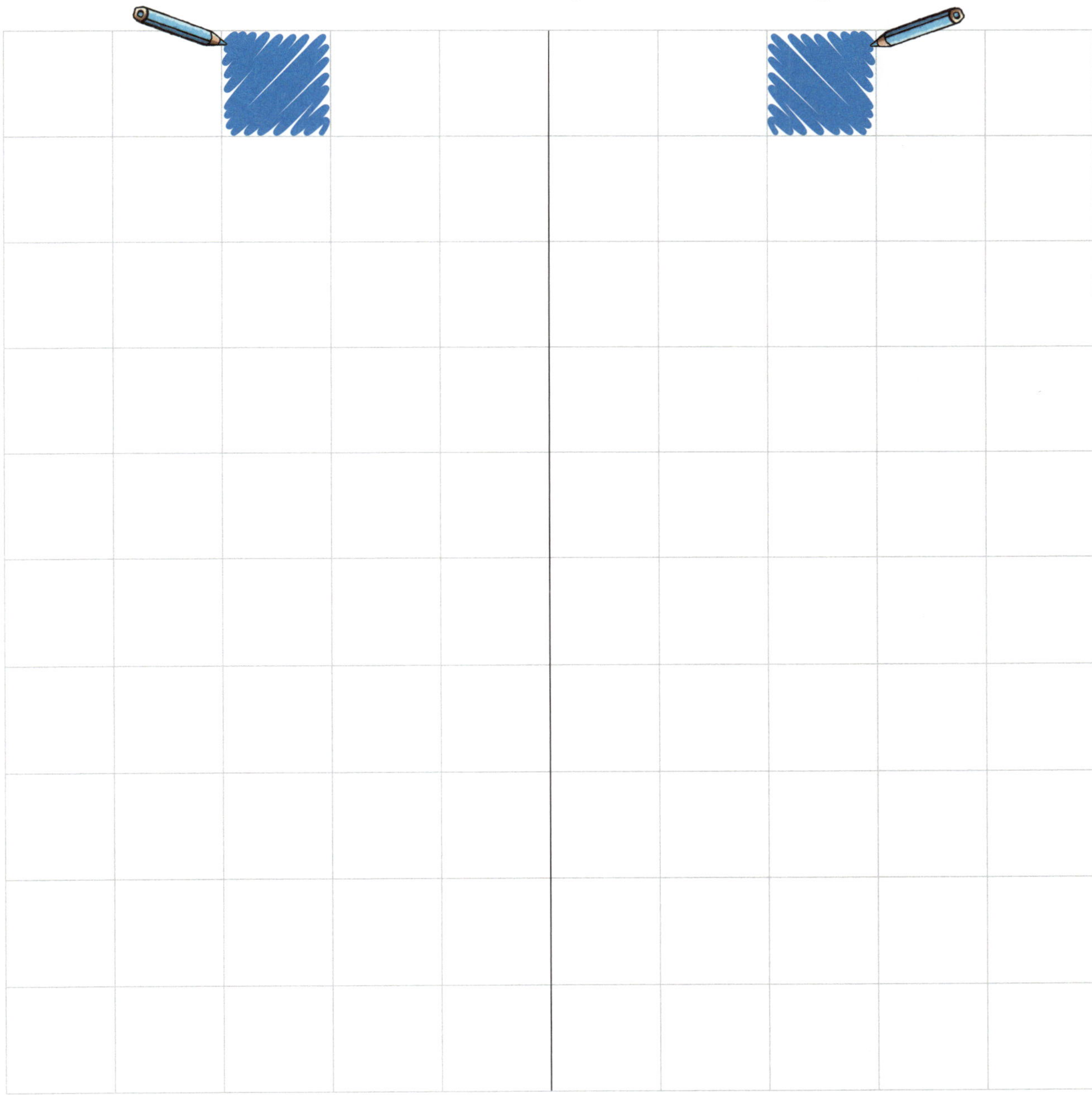

* bearbeiten Aufgabenstellungen gemeinsam, treffen Verabredungen und entdecken gemeinsam Sinnzusammenhänge

Mit Gummiband und Geobrett gestalten

1

2 Die Figuren wurden auf dem Geobrett gestaltet und abgezeichnet. Ergänze sie zu achsensymmetrischen Figuren.

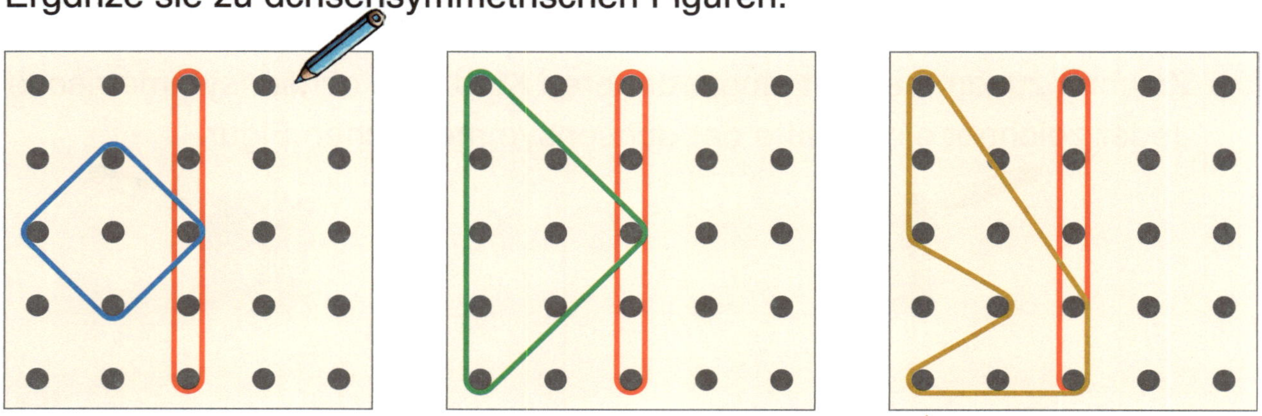

3 Zeichne selbst achsensymmetrische Figuren, die auf dem Geobrett gestaltet wurden. Beschreibe und begründe einem anderen Kind, wo die Symmetrieachse liegt.

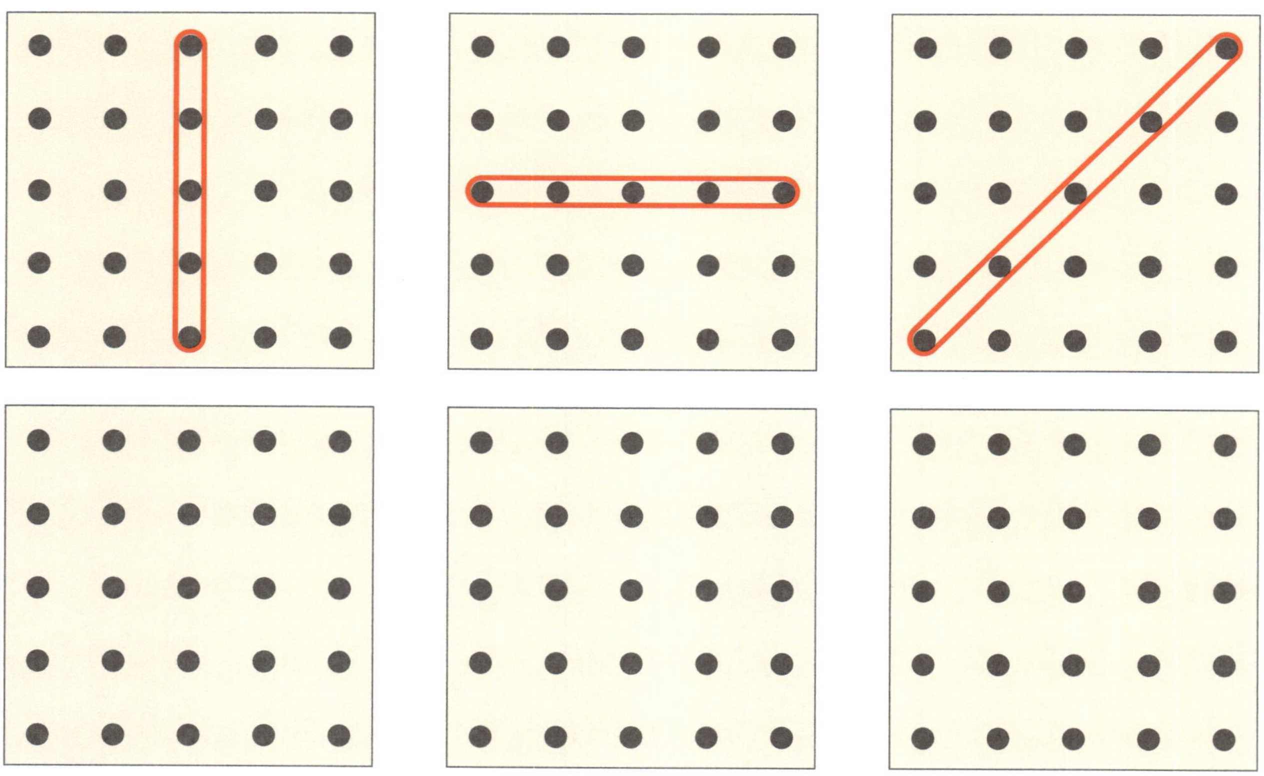

* erzeugen achsensymmetrische Figuren am Geobrett und beschreiben diese mit Fachbegriffen
* erfinden selbst Aufgaben zu vorgegebenen Problemstellungen

Auf kariertem Papier Figuren ergänzen (1)

1 Zeichne die Figuren mit dem Lineal so weiter, dass sie achsensymmetrisch werden. Male sie so aus, dass sie achsensymmetrisch bleiben.

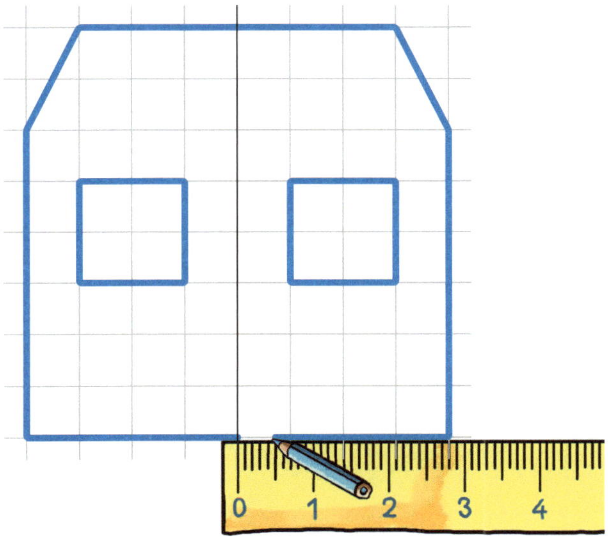

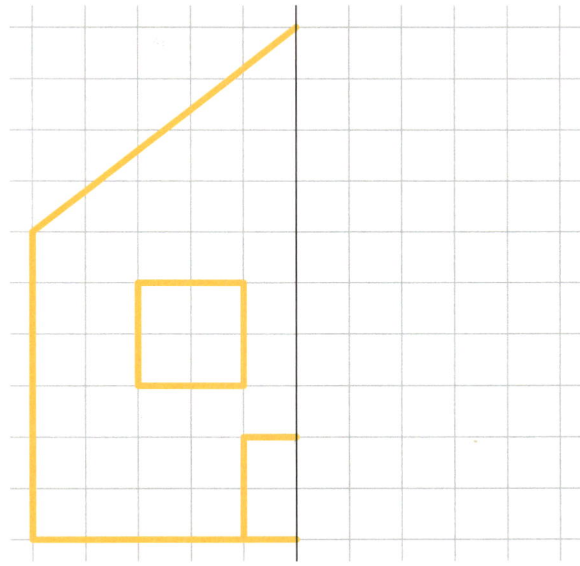

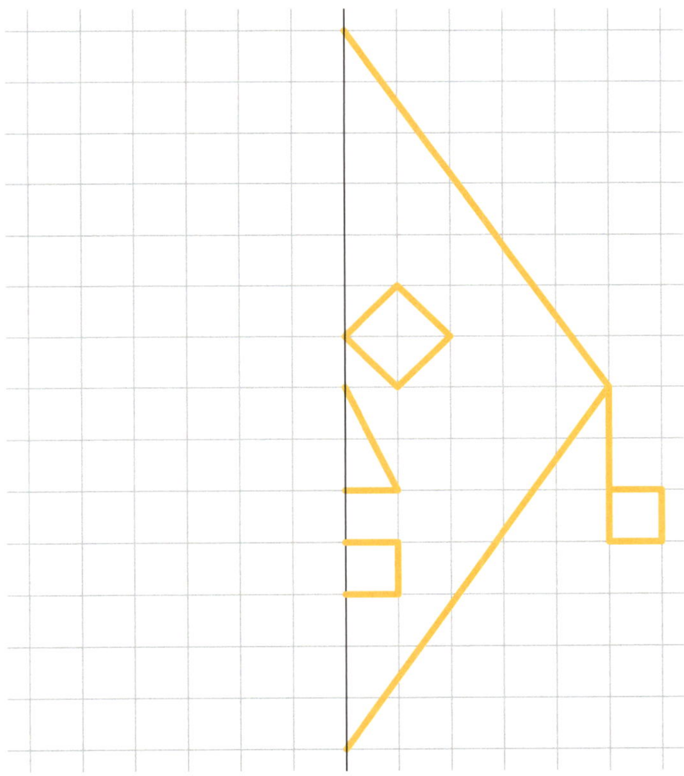

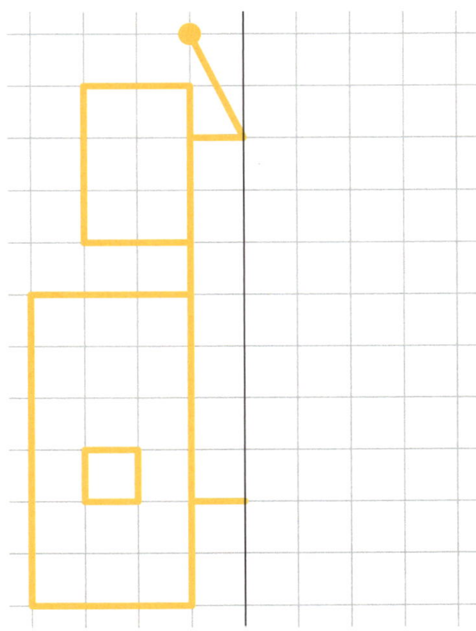

Auf kariertem Papier Figuren ergänzen (2)

1 Zeichne die Figuren so weiter, dass sie achsensymmetrisch werden.

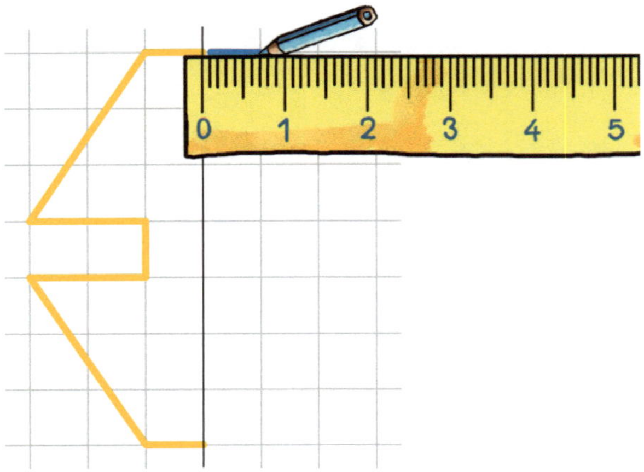

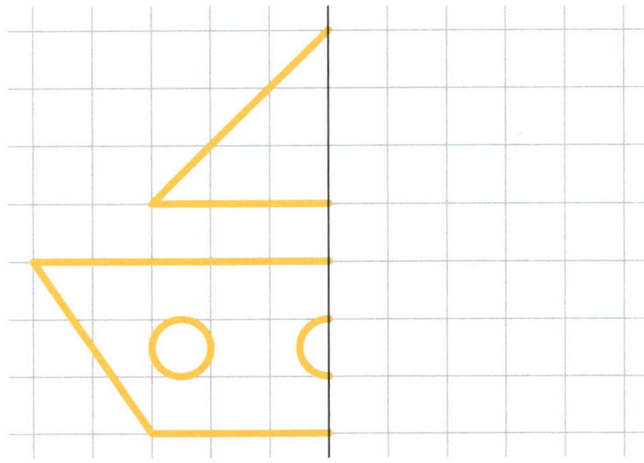

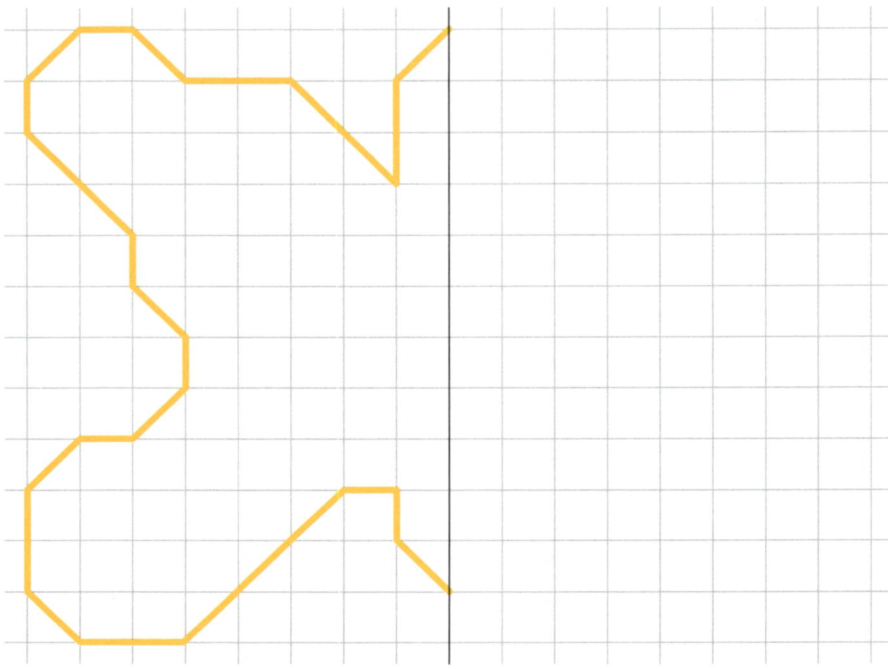

2 Zeichne selbst achsensymmetrische Figuren.

⋆ erzeugen komplexere achsensymmetrische Figuren auf Gitterpapier
⋆ nutzen Lineal und Gitterpapier als Hilfsmittel
⋆ übertragen ihre Kenntnisse und Vorgehensweisen auf erweiterte Aufgabenstellungen

Mit Formenplättchen legen und kleben

1 Klebe die Formenplättchen so ein, dass die Figur achsensymmetrisch wird.

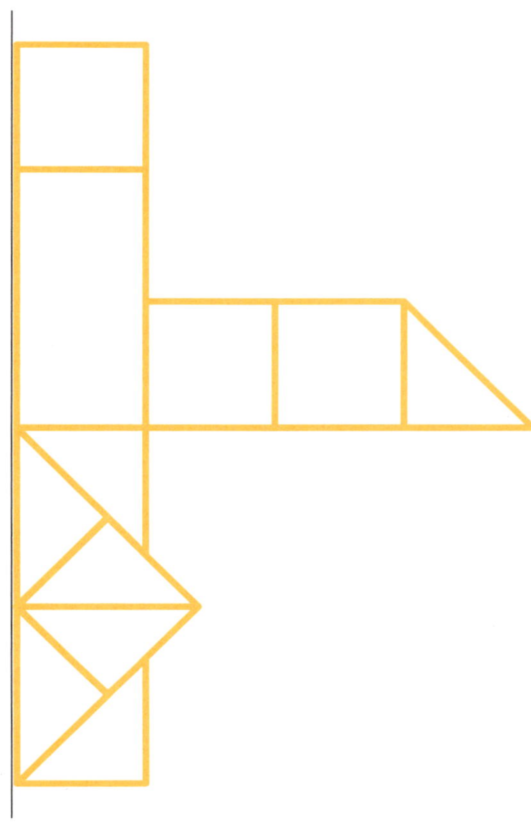

1 Kreise alle achsensymmetrischen Figuren ein.
Besprich deine Entscheidung mit einem anderen Kind.

* überprüfen einfache Figuren auf Achsensymmetrie

Mit dem Spiegel prüfen

1 Streiche alle Figuren durch, die nicht achsensymmetrisch sind.
Besprich deine Entscheidung mit einem anderen Kind.

Durch Falten prüfen (1)

1 Schneide die Figuren auf der Seite 55 aus.
Stelle durch Falten fest, welche Figuren achsensymmetrisch sind.
Zeichne dann die möglichen Symmetrieachsen ein. Kreuze in der Tabelle an.

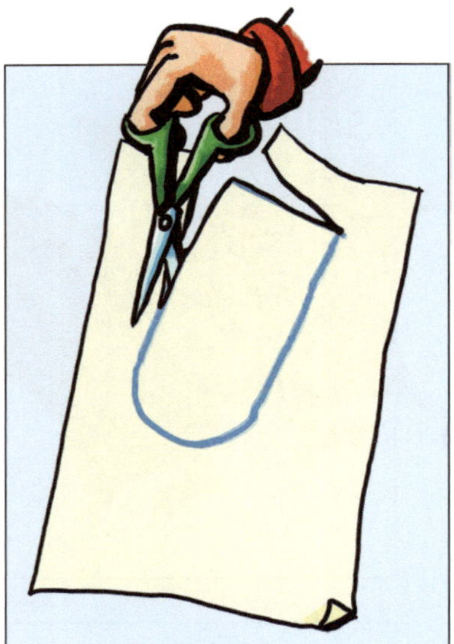
ausschneiden

falten und prüfen

ankreuzen

	achsensymmetrisch	nicht achsensymmetrisch

* überprüfen einfache Figuren durch Falten auf Achsensymmetrie
* dokumentieren ihre Arbeitsergebnisse strukturiert in einer Tabelle

Durch Falten prüfen (2)

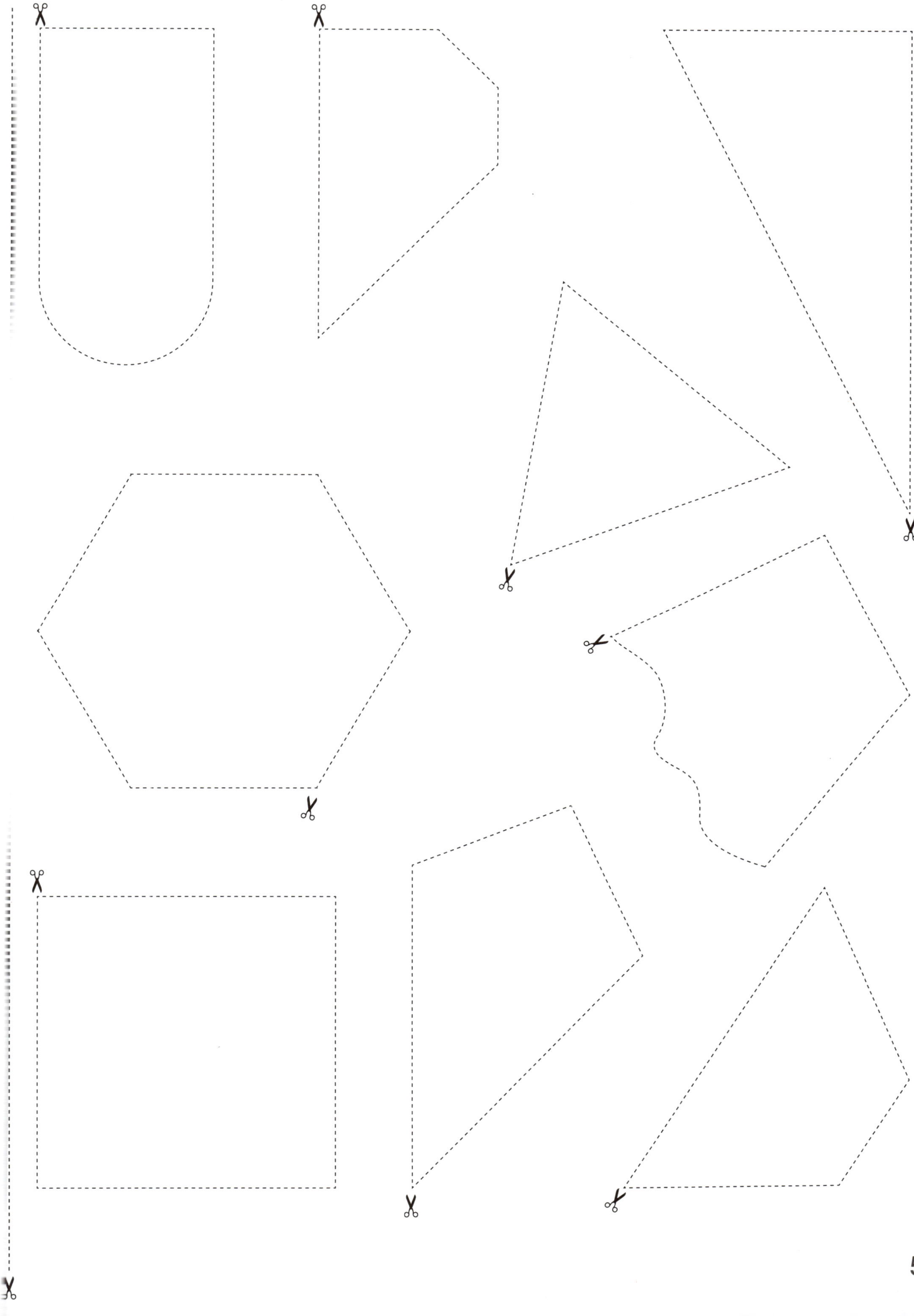